AF461572

SUITE DES EXPERIENCES UTILES ET CURIEUSES.

NOUVEAU TRAITÉ DES DISSOLUTIONS & Coagulations naturelles.

OU L'ON MET AU JOUR ce qu'il y a de plus caché dans la Chymie.

Par M. LE CROM.

A PARIS,
Chez la V. JOLLET, & J. LAMESLE, au bout du Pont Saint Michel, du costé du Marché Neuf, au Livre Royal.

MDCCXXV.

Avec Approbation & Privilege du Roy.

AVERTISSEMENT.

IL y a quelque tems que je mis au jour un petit Traité des Dissolutions & Coagulations naturelles ensuite d'un Vade mecum, dans lequel j'ay continué de faire voir que le Sel des Métaux est l'unique sujet du secret des anciens Philosophes; quoique j'aïe assez prouvé dans ces Ecrits que ce Sel contient les deux autres principes, qui sont le Mercure & le Soufre, ce qui constituë sa nature & par lesquels il peut nous donner ce Mercure si vanté pour ses admirables qualitez; je ne laisseray pas de dire icy, ce que plusieurs reflexions accompagnées de quelques experiences, m'ont apprises à l'égard du soufre & du mercure dans les interva- les de mes autres occupations.

Je parleray premierement du mercure, de son essence & de son usage, puis je diray ce qu'est le soufre & à quoy il sert; & comme j'ay dit ail- leurs que le sel contient ces deux principes, je supposeray icy que ces mêmes principes renferment aussi le sel, l'un ne pouvant estre sans l'autre; si les pensées dont je me sers, pour m'exprimer, paroissent usées, au moins ferai-je ensorte qu'on y trouvera plus de lumiere.

On connoîtra dans ce petit Traité que le mercure & le soufre bien & düement purifiez, volatilisez & fixez, peuvent nous donner la medecine la plus excellente dans ses qualitez & la plus capable de contenter la curiosité la plus forte des amateurs de la vraïe Chymie.

Puisque la nature ne peut

rien faire dans la production de ses ouvrages sans le soufre & le mercure, il faut de necessité que l'art qui la veut imiter, se serve des mêmes moïens pour arriver à la perfection qu'il se propose.

Si nous voulons suivre la nature, nous devons donc prendre un mercure crud & volatile, & un soufre cuit & fixe, dissoudre & volatiliser ce dernier par le mercure, & fixer ensuite ce précieux mélange. Nous avons cet avantage considerable pardessus la nature, que nous nous servons des sujets qu'elle nous a tout prepa-

rez & que nous pouvons faire ce qui n'a pas esté en son pouvoir, qui est d'arriver à la plusque perfection.

Si le Créateur de l'Univers a donné le premier mouvement à la nature pour la production des corps, il n'a pas refusé à l'homme pour l'usage duquel il les a créez, l'industrie de les perfectionner; & si nous n'y reüssissons pas le plus souvent, ne feroit-ce pas qu'il y a en nous des empêchements à quoy il faudroit tâcher de remedier? en effet, si nôtre recherche est importante, il nous importe encore plus de travail-

ler sur nous-mêmes preferablement & avant toutes choses. C'est ce que nous recommandent si souvent les Sages, par cette belle Sentence de l'Ecriture, Initium Sapientiæ, timor Domini. *Heureuse crainte! vous êtes plus estimable que tous les tresors de la terre, puisque vous ne nous donnez que du mépris pour des biens perissables & indignes de nôtre Estre, qu'afin de nous donner plus de connoissance de nôtre unique & souverain bien.*

Plusieurs Personnes m'ayant demandé avec instance une description plus exacte du

Sel des métaux, que celle que j'avois déja donnée au Public dans mes Experiences, je veux bien les contenter icy, & la leur donner avec les circonstances necessaires pour y réüssir parfaitement; & parce qu'on pourroit y manquer encore, nonobstant toutes mes précautions, & que mon dessein est de me rendre utile aux autres, je ne refuseray pas mon secours à ceux qui en auront besoin.

Les Chymistes ordinaires croiront sans doute que nôtre Sel n'est qu'un Vitriol de peu de valeur; quand ils verront qu'il n'est composé que du Mars & du Vinaigre, faute de faire attention que le Vinaigre est d'une nature bien differente des acides mineraux, ceux-cy se joignant aux corps comme des corps sans produire aucun changement, au lieu que le vinaigre, qui est tout esprit, n'y entre que comme un esprit, qui par sa subtilité & penetration s'y insinuë pour attirer leur soufre & leur mercure, étant soufre & mercure luy-même. Je diray en son lieu ce qu'on peut faire de ce Sel, à quelle marque on peut connoître qu'il est un vitriol different du commun, & jusqu'où l'experience m'a conduit.

Je n'ignore point qu'on peut tirer avec facilité les soufres, & les Sels essentiels des autres Métaux, par un agent tiré de nostre magnesie de Saturne, dont la connoissance est reservée aux seuls Philosophes, c'est une matiere que je ne feray qu'effleurer, la laissant volontiers à la disposition des Maistres de l'Art.

Ceux qui trouveront mon procedé du Sel un peu long à leur gré, doivent considerer que les belles préparations ne se font pas en un jour, & que l'experience qui est la Pierre de Touche de la Theorie, demande quelque tems ; il faut avoüer de bonne foy, que ceux qui passent toute leur vie à raisonner dans une inaction continuelle, n'en sont pas plus sçavans.

Le Lecteur est averty que je n'écris que pour ceux qui veulent sçavoir à quoy s'en tenir, en mettant la main à l'œuvre, & que ce n'est pas pour les sçavans Praticiens qui n'en ont pas besoin : quant aux autres, on les renvoit aux idées favorables & flatteuses, mais souvent *mal fondées, dont ils se sont rempli l'imagination.*

Que ces derniers ne croyent pas que je sois plus avancé que je le suis en effet dans mes connoissances, & que je puisse leur donner quelque lumiere dans la conversation, ce seroit se tromper; je veux bien qu'on sçache que je suis aussi peu sensible à la loüange qu'au blâme de m'être bien ou mal expliqué, de m'être trop ouvert, ou d'être trop obscur dans le sujet que je traite. Je ne suis pas fâché que d'autres ayent plus de connoissance, je n'en suis nullement jaloux. Je me contente du petit talent que j'ay reçû, que je desire de ne faire profiter qu'en faveur des pauvres malades, sans être à charge à personne.

SUITE

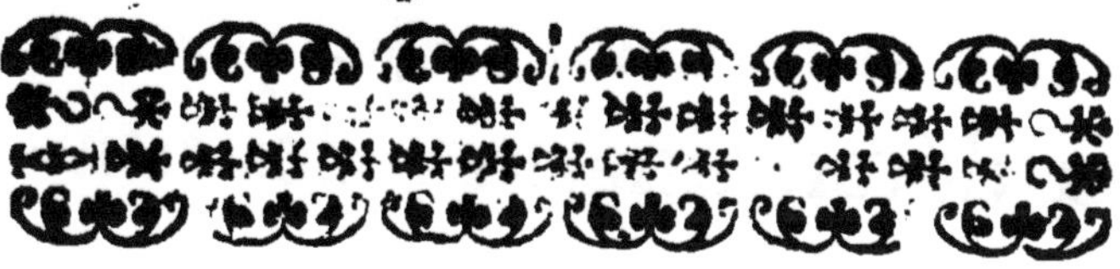

SUITE DES EXPERIENCES UTILES ET CURIEUSES.

NOUVEAU TRAITE' DES DISSOLUTIONS & Coagulations naturelles.

Où l'on met au jour ce qu'il y a de plus caché dans la Chymie.

JE crois qu'il est inutile de remonter jusqu'à la source qui fournit à la Nature un Mercure univerſel, qui prend ſa détermination des matrices differentes des trois regnes, & de donner la diviſion de ſes eſpeces; je ne ferois que repeter ce que beaucoup d'autres en ont dit. On ſçait aſſez que les regnes ont chacun leur mercure, leur difference, & que chaque mixte en a un particulier qui conſtituë ſon temperament, on en peut dire autant du ſoufre. Mon deſſein n'étant de parler que du regne metallique, je ne diray rien des autres.

Les métaux étant des corps durs, secs, fusibles, & souffrant le marteau, font bien voir qu'ils ont un mercure tout particulier, puisqu'il emporte avec luy la plus grande partie de son corps, quand il est excité par un feu violent & de longue durée, les uns plûtôt, les autres plus tard, à l'exception des corps parfaits, fort different du mercure des autres mixtes, qui abandonne par un petit feu tout le corps qu'il a reçû de la terre, parce que ce dernier tient beaucoup de l'élement de l'eau ; au contraire de celuy des métaux qui en tient trés-peu , & c'est une des raisons qui rend le vif argent coulant.

Il semble qu'on ait placé le mercure au nombre des métaux, à cause de la ressemblance qu'il a avec les mercures de ces mixtes, & cette ressemblance est telle qu'on ne sçauroit les distinguer que par la difference de leurs soufres, ce qui se connoît fort bien par la difference des acides dont on se sert pour les dissoudre. Aux uns il faut de l'eau forte, aux autres de l'eau royale, ce qui peut nous découvrir la raison pourquoi l'on se sert de ces deux sortes de dissolvans pour dissoudre les métaux, plûtôt que de recourir aux raisonnemens de ceux qui ne s'attachant qu'aux corps, ont negligé ce qu'il y a en eux de plus essentiel.

Le vif-argent est un esprit corporel d'une nature bien admirable, puisqu'il prend autant de formes & de couleurs differentes qu'il plaît aux Chymistes de luy donner par les souffres, le dérangement & la diviſion de ſes parties, ſans perdre ſa nature & le penchant qu'il a de reprendre ſa premiere forme. Bien qu'il nous paroiſſe d'un temperament froid & humide, il eſt neanmoins chaud & ſec, & cache en luy les couleurs de tous les métaux. Sa vivacité & ſon mouvement nous font bien connoître qu'il tient plus de la quinteſſence que de toute autre choſe; auſſi tire-t-il ſon origine d'un feu celeſte. Il paroît bien que les élemens ont eû la moindre part à ſa production. C'est donc un abus de tâcher de le fixer avec des choses sujettes aux élemens, & qui ne sont point de sa nature. Comme un feu se joint volontiers à un autre feu, il luy en faut un qui luy convienne, mais un feu vivant, chaud & sec en toutes ses parties, murissant, coagulant, & parfaitement purifié de toute terrestreité; qu'on les fasse voler ensemble avec douceur & adresse, tant que l'un ait pris la nature de l'autre & que Mercure ait perdu ses aîles.

Si l'on pouvoit trouver le vif-argent avec toute la pureté & l'innocence qu'il a apporté ſur la Terre, on auroit un Agent qu'on nomme fort-à-propos Eſprit de Mercure qui feroit des choſes étonnantes, & qui répondroit peut-être aux ſouhaits de tant de Chymiſtes, qui font quantité d'operations ridicules pour l'avoir tel que nous diſons. Ces Artiſtes ont beau expoſer leurs vaſes à l'air pour le convier de s'y loger, ſans connoître l'ayman qui luy convient, ils n'y parviendront jamais.

Mercure aime tant sa liberté, qu'il ne veut pas être contraint, car plus on le contraint, plûtôt il échape; il faut suivre son penchant, si l'on veut en joüir. S'il est volatile de sa nature, qu'on le rende encore plus volatile. S'il aime à prendre l'air, qu'on luy en donne, mais avec mesure; s'il est chaud, qu'on le rende encore plus chaud, & si on veut le dompter, qu'on fasse ensorte que son feu interieur paroisse au-dehors. On croira peut-être que ſi l'on ſuivoit nôtre avis, ce ſeroit juſtement le moyen de le perdre plûtôt; ne vaudroit-il pas mieux, nous dira-t-on, de tâcher d'arrêter le mercure qui eſt ſi volatile, au lieu de le volatiliſer encore plus, de moderer ſa chaleur & ſon mouvement par quelque jus d'herbes, ou avec l'eſprit ou l'odeur des métaux, & de luy faire perdre ſa forme en le réduiſant en precipité rouge? ſi l'on nous fait cette objection, c'eſt qu'on ne connoît point la nature du vif-argent, qui eſt un Prothée, comme on dit, qui se cache sous plusieurs formes pour mieux tromper les Artistes. Il y a si longtems qu'on nous avertit, que tant qu'il peut se faire voir encore sous sa premiere forme, il n'en faut rien attendre de bon, ce qui n'empêche pas que l'on ne travaille tous les jours avec tant d'opiniâtreté, sur des procedez faux qui enseignent des operations qu'on a pratiquées mille fois sans succés pour fixer ce volage, qu'on doit être surpris de la folie des Artistes.

Le mercure ne peut se fixer que par la quinteſſence ou par un ſoufre quinteſſencifié ; ſi on les joint enſemble ils s'uniront tous deux d'une union inſéparable par une analogie naturelle , le mercure volatiliſera le ſoufre, & le ſoufre retiendra le mercure ; car le propre du ſoufre eſt de coaguler le mercure ; toutes les operations de la nature & de l'art le prouvent à n'en pas douter Pourquoy deffinit-on l'or, un mercure de cuit par ſon propre ſoufre , n'eſt-ce pas pour nous faire connoître la maniere dont nous devons travailler à l'imitation de la nature ?

Le soufre ne peut rien sans le mercure, celuy-cy ne peut rien sans le soufre pour la production des mixtes. Plus le soufre est parfait, plus les productions sont parfaites, elles suivent toûjours la nature fixe ou volatile du soufre.

Si l'or avoit pû recevoir encore dans les entrailles de la terre une quantité proportionnée de mercure, il ne faut pas douter qu'il n'eût atteint à la plusque perfection que nous cherchons, car le propre du mercure est de dissoudre, comme celuy du soufre est de coaguler; mais plusieurs obstacles s'étant opposez à cette plusque perfection, c'est bien assez que la nature nous ait produit un mixte si parfait. Et si malgré ces empêchemens elle nous avoit donné un or doüé de tant de perfections, à quel usage nous serviroit-il, si l'art n'y mettoit pas la main pour le dégrader, & le réduire au même état où il doit être ?

L'art peut aller plus loin que la nature, pouvant éviter les accidens qui l'ont empêché d'engendrer un métal élevé à un degré si sublime. Il prend un soufre extrémement purifié & un mercure de la derniere subtilité qu'il met dans une matrice pure. Il cuit ce précieux mélange jusqu'à la fin, il imbibe, dissout & coagule, ce qu'il recommence aussi souvent qu'il lui plaist, car le soufre ne refuse jamais d'embrasser le mercure & le mercure ne refuse pas d'embrasser le soufre.

Le soufre agissant sur le mercure, luy communique la coagulation qu'il ne peut recevoir d'ailleurs, & le mercure agissant de son côté sur le soufre, luy donne la penetration ou l'ingré, le poids & la fusion, parce qu'il est le principe de ces conditions, sans lesquelles le soufre ne pourroit avoir aucune action sur les corps.

Quand même le soufre seroit assez pénétrant & volatile pour monter par le bec de l'alimbic, cette pénétration ne suffiroit pas

pour

pour entrer dans l'interieur des corps, pour y adherer & pour s'y mêler intimement sans quelque moïen qui les approche & qui soit de leur nature, ce qui ne se peut faire que par l'esprit de mercure. Il n'y a rien qui convienne mieux aux métaux que le mercure, qui constituë la nature & l'espece métallique, parce qu'il est doüé des conditions de poids, de pénétration & de fusion, comme j'ay dit.

Comme il faut de la convenance & de la proximité

aux choſes qui doivent être unies radicalement, il faut que le ſoufre ſoit volatiliſé avant que d'être joint à ſon eſprit, car comme l'eſprit de mercure eſt une vraye quinteſſence métallique, il ſe joint volontiers à ce qui luy eſt ſemblable, il l'améne à ſa latitude ou il ſe reſſerre, ce qui fait que l'un devient plus viſqueux, adherent & gommeux par l'autre, & le ſoufre plus ſubtil, fondant & pénétrant par le mercure.

„ Cherchez un feu, com-
„ me dit l'Auteur de l'Eſ-

„ prit mineral dans ses Ma-
„ nuscrits, qui se rapporte à
„ la matiere, qui s'insinuë
„ dans ses parties, qui se
„ joint aux substances, qui
„ convient à son espece, qui
„ garde l'union des invisi-
„ bles & la proportion dûë
„ au mélange, qui change
„ les couleurs, qui cache
„ les formes, qui dissipe les
„ superfluitez, qui dissout
„ les corps, qui congele les
„ esprits, qui a la vertu
„ d'imprimer les disposi-
„ tions necessaires à leur
„ forme, & qui conserve
„ la vertu germinante &

„ nutritive.

„ Parce que le feu ne dé-
„ truit les corps qu'autant
„ qu'il les pénétre par l'air,
„ nous disons que ce feu
„ celeste a l'acuité du feu,
„ & la subtilité de l'air, &
„ non pas la combustibilité
„ & acrété de l'un & de
„ l'autre pour penetrer &
„ agir, l'humidité de l'eau
„ & non pas sa froideur, la
„ fixite de la terre, & non
„ pas son impurité tene-
„ breuse.

„ Comme il est trés-spi-
„ rituel, il a les operations
„ de la lumiere, c'est pour-

„ quoy il pénétre dans l'in-
„ time des corps, resout les
„ formes accidentelles sans
„ offenser les essentielles,
„ parce que sa chaleur est
„ humide & non brûlante.
„ Comme il est d'une na-
„ ture trés-simple, d'une
„ forme trés-indifferente,
„ revêtu de qualitez trés-
„ spirituelles, étant doüé
„ des operations des astres,
„ recuëilly en son action,
„ il est une matiere trés-
„ unique, semblable &
„ universelle, & se rappor-
„ te comme genre souve-
„ rain & matiere univer-

„ ſelle à toutes choſes.

„ Enfin comme il eſt une „ eau ſeiche & trés-chau- „ de, un air fixe & non vo- „ latile, une terre vierge, „ penetrante, fuſible, & „ ayant les autres condi- „ tions neceſſaires pour la „ generation, il eſt le grand „ agent de la nature & de „ l'art, ſans quoy on ne „ peut rien faire.

Le mercure étant une production de ce feu, l'art n'a point d'agent qui convienne mieux que luy pour le réduire en ſes principes ſans perdre ſa ſubſtance, étant tous deux de même nature & presque aussi semblables que l'eau de pluïe avec une autre eau de pluïe, avec cette seule difference que l'un est indeterminé, & que l'autre est specifié au regne des métaux.

Ce feu est d'autant plus analogue au mercure, tant le commun que celuy des corps, qu'il se joint radicalement à leur soufre, à leur mercure, & à leur sel centriques sans pouvoir jamais en être separé.

La dissolution en est douce & naturelle, sans violence & ſans bruit. Ce feu bien different des eaux fortes, qui par leur aquoſité & ponticité aiguë, rongent & corrodent les métaux, ne les peut diſſoudre, parce qu'il n'y a point de place pour ſe charger des corps qu'il fond, comme l'eau de la mer qui ne peut diſſoudre le ſel. Il ne peut tout au plus recevoir que le mercure & le ſoufre ou l'ame qui n'a de corps que celuy qui la reçoit, & qui peut-être reçû dans le ſel & le mercure.

Si cet eſprit eſt ſi admi-

rable

rable pour les choses métalliques, il ne l'est pas moins pour la préparation des remedes. J'en donneray un seul exemple.

Si l'on dissout avec cet admirable dissolvant, de la limaille d'acier, qu'on les digere dans un vaisseau scellé hermetiquement, que le dissolvant soit verd comme une belle émeraude, que l'on tire cet acier dissou par la distillation, que la matiere passe en vitriol; on aura un vitriol bien different du commun, lequel est d'autant plus doux que l'autre eſt amer, qui bien loin d'exciter des vomiſſemens & des convulſions, fortifie l'eſtomac, provoque le ſommeil, appaiſe la ferocité des plus grands accidens, & qui peut même ſe donner en tout tems, & à tout âge. Enfin l'un brûle & eſt âpre, & l'autre ſe fond à la chandelle comme de la cire, ou de la reſine & a des vertus admirables pour la ſanté.

Cet eſprit n'a pas moins de force pour attirer le ſoufre, le mercure & l'éclat métallique de tous les métaux

& mineraux, comme des perles, du corail, & du talc, sur tout s'il est bien preparé; étant une substance simple, homogene, il n'attire que ce qui est de sa nature par une dissolution douce & naturelle, laissant le corps au fond du vaisseau comme une terre inutile.

Ce feu qui de soy est clair & transparent comme de l'eau de pluïe, paroît chargé de la couleur & de la fulgidité des métaux, faisant la queuë de Paon à sa superficie; nous donnerons des marques pour connoître si nôtre eau chargée des parties essentielles des corps est bien preparée.

C'est que l'esprit ou le soufre de l'argent, doit argenter le cuivre; celuy de l'or, dorer le fer & l'argent; que l'esprit de mercure ne noircisse pas, mais il doit argenter; que les teintures de Mars, de Venus, &c. doivent dorer le fer, étant jointes à leur ferment, & que l'esprit de nôtre petit circulé fasse dans toutes les operations la queuë de Paon.

Si vous n'avez tous ces

signes dans le commencement de toutes vos operations, que vôtre soufre par l'esprit de mercure ne puisse augmenter les métaux, ny les transimuer, òu du moins les alterer; car comme les matieres sont volatiles, elles peuvent faire un or ou un argent volatile ; ne continuez pas, car vous travailleriez inutilement.

Les Philosophes voïant que les corps ne peuvent agir sur les corps, ils ont tâché de les détruire pour les avoir en esprit, ou en quintessence; & connoisſant que pour les avoir en eſprit ou en quinteſſence, il falloit les volatiliſer, ils ont ajoûté dix parties de volatile ſur une de fixe, & dix parties de corps fixe ſur une once de volatile pour les avoir fixes & conſtants. Ils ont cherché de les corrompre pour exalter leur teinture à l'infini.

De plus, voyant que les corps étoient difficiles & longs à corrompre, ils ſe ſont aviſé de les diſſoudre, réincruder, & volatiliſer pour les mieux détruire & purger, parce que pour avoir une medecine parfaite, il faut dissoudre les corps & les corrompre pour en séparer leur substance pour les nettoyer & purger; faire l'un & l'autre pour les spiritualiser & quintessensifier, les exalter pour les teindre & les cuire pour les fixer.

Parce que le soufre manque de penétration & d'ingré, comme il est dit cy-devant, ils luy ont ajoûté l'esprit de mercure; & parce que le mercure manque de fixité & de teinture, ils luy ont donné la teinture du ſoufre.

Et parce que l'or & l'argent n'y entrent que comme un levain, les Sages luy ont ajoûté celuy qui ſe tire de Mars & de Venus par l'eſprit de Mercure, ſe gardant bien d'y ajoûter aucun corps ni eſprit corroſif pour ne les pas jetter hors de leur eſpece, & le temperament dû aux métaux parfaits.

Si l'on a ce que deſſus, on a un ſoufre & un mercure parfaits, la multiplicité réduit à l'unité, le tout fait ün, les contraires d'accord, & diverses matieres réduites à l'homogeneité de substance

J'avois dessein de donner icy la description de l'Alcaëst de Paracelse qui est son grand circulé, ce qu'il seroit inutile de repeter, puisqu'on la donnée au Public depuis peu. J'avertis seulement le Lecteur, que Paracelse connoissoit un autre alcaëst & un autre circulé que l'esprit de sel, le tartre & l'urine, & un autre esprit de mercure que celuy du mercure commun. Je laisse aux Sçavans à decider cette question.

Pour tirer le ſel, l'ame ou le ſoufre eſſentiel du mars.

METtez dans des terrines de grais quelques livres de limaille de fer, qui ſoit bien nette, verſez par-deſſus de bon vinaigre diſtillé à l'éminence, de trois doigts au-deſſus de la limaille, broüillez bien le tout avec une eſpatule de fer, laiſſez infuſer la matiere juſqu'à ce que le vinaigre ſoit bien coloré, ayant ſoin de remuer le tout trois fois le jour. Retirez vôtre teinture par inclination, la versant dans un filtre de papier gris pour la rendre plus pure. Versez de nouveau vinaigre sur la matiere en même quantité, laisser infuser comme vous avez fait, remuez & filtrez ce que vous recommencerez tant que vous ayez assez de teinture.

Notez qu'il s'élevera des écumes que vous separerez & que vous mettrez dans un vaisseau à part, pour les laisser resoudre en teinture que vous passerez par le filtre pour l'ajoûter aux autres.

Si cette operation se fait dans un tems froid, il faudra que le lieu soit un peu échauffé pour aider à la dissolution.

Mettez tous vos vinaigres colorés dans une ou deux cucurbites de grais que vous emplirez à demi, placez-les dans le sable; & y aïant adapté leurs chapiteaux & leurs recipients, distillez jusqu'à siccité de la matiere, vous trouverez une terre dans les cucurbites. Vous aurez soin de ne pas trop pousser le feu.

Cohobez vôtre eau distillée sur la terre ; distillez encore jusqu'à sec, ce que vous réïtererez sept fois en tout, en comptant la premiere distillation.

Notez qu'on fait ces imbibitions pour mieux penétrer & ouvrir la matiere. Il sera à propos que chacune de ces distillations finisse le soir pour recommencer le lendemain, ce qui conserve les vaisseaux, parce que si on les dérangeoit étant encore chauds, ils pourroient se casser & les esprits se dissiperoient.

Prenez la terre que vous trouverez dans les cucurbites, broyez-là sur un marbre, en l'imbibant de son menstruë, mettez-là dans une cornuë de verre luttée jusqu'au milieu de sa capacité, remplissez là de vôtre eau aux deux tiers, & l'aïant placée dans le sable jusqu'à la moitié, & y ayant adapté un petit bâlon, donnez-luy le feu par dégrez, tant qu'il n'en sorte plus de gouttes, ny de fumée. Laissez refroidir la cornuë & la cassez pour en retirer la terre, sans que le lut s'y mêle.

Rectifiez trois fois l'eau que vous en aurez retirée dans une cucurbite bien nette pour la purifier de ses ordures, & d'une huile puante qui gâteroit vôtre operation.

Notez que cette distillation par la cornuë demande de l'attention ; car lorsque la matiere vient à boüillir en augmentant le feu, elle se gonfle tellement, qu'elle sortiroit toute dans le recipient, & feroit casser les vaisseaux. On doit seulement avoir soin que la matiere boüille à petits boüillons ; & quand elle viendra à se gonfler, de moüiller des linges, les tordre, & les appliquer sur la cornuë sans apprehender qu'elle se casse, ce qui servira de bride aux soulevemens : on appliquera aussi des linges moüillés sur le recipient, pour aider à la condensation des esprits. Cette distillation est faite en cinq ou six heures.

Broyez la terre de vôtre cornuë sur le marbre, en l'imbibant de vôtre eau

rectifiée

rectifiée trois fois, mettez-là dans des cucurbites de verre, & versez vôtre eau rectifiée sur la matiere, à l'éminence de quatre doits; couvrez les cucurbites de leurs rencontres, qui sont d'autres plus petites cucurbites, & ayant lutté les jointures avec des bandes de vessie, faites digerer au bain des cendres à un feu doux pendant quarante jours, sans que le feu n'y manque jamais. Ce terme étant expiré, éteignez le feu, laissez refroidir les cucurbites, versez l'eau par inclination dans un filtre, ſans que la terre s'y mêle, verſez d'autre eau rectifiée trois fois ſur la terre, remuez la matiere, laiſſez-là bien raſſeoir; & quand l'eau ſera éclaircie, filtrez-là pour la mettre avec l'autre. Diſtillez toutes vos eaux à feu de cendres, ou pour le mieux au bain marie juſqu'à ſec, vous trouverez le ſel que vous cherchez.

Notez que ſi vous n'avez pas une quantité ſuffiſante de ce menſtruë rectifié trois fois pour laver vôtre terre pour achever d'en retirer le sel, il faudroit en distiller de celuy qui contient la plus grande partie de ce sel.

Faites fondre tout vôtre sel dans de l'eau de pluïe distillée, filtrez & évaporez jusqu'à sec, faites le fondre encore dans de nouvelle eau, filtrez & évaporez; ce que vous recommencerez tant que le sel soit bien blanc & qu'il ait perdu l'odeur de son dissolvant.

Faites dissoudre ensuite ce sel dans de l'esprit de vie chargé de son flegme, filtrez, & retirez cet esprit au bain marie jusqu'à siccité du sel qui en sera plus pur.

Mettez vôtre matiere dans une cornuë de verre luttée, distillez au sable par un feu gradué tant qu'il ne sorte plus rien.

Rectifiez la liqueur qui en sera sortie dans une cucurbite de verre à feu doux, il sortira un esprit subtil qui ne s'attachera presque point au chapiteau : quand vous verrez que la liqueur commencera à s'y attacher en gouttes, changez de recipient pour recevoir la liqueur tant qu'il n'y ait presque plus rien dans la cucurbite.

Vous aurez l'esprit & l'huile qu'il faut garder, separez dans des bouteilles bien bouchées.

Notez que cette rectification doit se faire avec adresse, parce qu'il est necessaire que l'esprit soit bien separé de l'huile ; si l'on y avoit manqué, il ne faudroit que rectifier l'esprit dans une petite cucurbite à un trés-doux feu de cendre. Cet esprit est d'une telle subtilité, qu'il ne paroît au chapiteau, ny gouttes, ny vaines sinuëuses, comme on en voit à la distillation de l'esprit de vin, ni aucune humidité.

Vertus & effets du vray Sel de mars dans la medecine.

ON peut dire que ce Sel est un excellent remede pour la medecine, ce qu'on n'aura pas de peine à croire, si l'on fait attention que les preparations de ce métal, que l'on fait ordinairement, toutes grofſieres & chargées de feus qu'elles ſont, ne laiſſent pas de produire de bons effets pour la guériſon de quelques maladies; que ne doit-on point attendre d'un ſel dépoüillé de toute terreſtreité étrangere, qui ne contient que l'eſſence, le ſoufre ou l'eſprit du mars, qui eſt vraiment de nature ſolaire, comme nous le ferons voir. Ceux qui ont le mieux connu la nature de ce métal nous en aſſûrent, & quand ils ne le diroient pas, nous devons nous en tenir à ce que l'experience nous en apprend.

Il eſt vray qu'il n'eſt pas bien aiſé de tirer d'un métal, ce qu'il y a de plus eſſentiel, & que cela demande un long tems, ſi l'on a égard aux operations ordinaires que l'on fait ſur les corps les plus durs, & les plus reſſerrez. On peut croire que cette difficulté & cette longueur des operations eſt la principale cauſe de l'ignorance de la plûpart de nos Artiſtes. On ſe contente d'effleurer les métaux, ce qui ſuffit pour porter des jugemens fort ſouvent bien temeraires touchant la nature & la constitution de ces mixtes, pour ne pas connoître leur veritable decomposition, qui est une connoissance qu'on n'acquerrera jamais par les feux violens & materiels dont on se sert. Il n'y a qu'un feu doux, subtil & naturel qui puisse nous en donner l'intelligence ; mais d'autant que ceux qui ont écrit de ce feu, ne l'ont pas nommé, & qu'ils n'ont pas enseigné à le preparer, on le regarde comme un être de raison, on ne veut pas ſeulement ſe donner la peine de s'en inſtruire.

Je veux bien avoûer que les preparations communes du mars, toutes groſſieres qu'elles ſont, produiſent quelquefois de bons effets, ſur tout quand elles ont été faites avec des ſels qui augmentent les vertus qu'on attribuë à ce métal, principalement pour lever les obſtructions des viſceres : mais n'eſt-il pas à craindre qu'en voulant lever les obſtructions, la terre qu'on n'en n'aura pas ni pû ſéparer, n'en forme d'autres plus fâcheuses, que celles qu'on auroit voulu ôter, ou ne cause des inflammations dans les conduits des petits vaisseaux remplis de grosses matieres.

Il paroîtroit plus avantageux d'aller chercher dans sa source, une Eau minerale empreinte d'un sel sulfuré vitriolique, que l'eau a detaché des mines de fer qu'elle a lavées en les parcourant; cette eau seroit recommandable par ses qualitez salines & sulfurées volatiles, elle seroit même preferable par sa simplicité aux meilleures préparations du mars qu'on a inventées jusqu'à present. Elle n'a fait que se charger en passant des particules de ce métal salutaire où l'artifice n'a aucune part. Mais sans être obligé d'en faire l'analyse, son goût ferré, vitriolique & desagréable, ne nous fait que trop voir qu'elle contient une terre non-seulement inutile, mais dangereuse.

Je ne prétens pas insinuer que nôtre sel soit exemt de terre, tant s'en faut, s'il n'en contenoit aucune, ce ne seroit plus un sel, mais on peut dire que la terre qu'il a, est d'une toute autre nature que cette terre feculente, qui infecte les autres préparations, puisqu'elle n'est autre chose qu'un souffre fixe, qui tient de la nature des anodins & des diaphoretiques, & qui est par consequent bienfaisante & salutaire.

Si l'on nous accorde nos principes, ce qui est assez problematique, car il y a une espece de gens qui n'approuve que ce qui sort de leur crû; ne doit-on point s'attendre à des avantages plus considerables que ceux que peuvent nous procurer les préparations & les eaux minerales ordinaires? Une petite quantité de nôtre sel fonduë dans de l'eau, ne peut-elle pas nous procurer les mêmes avantages que ceux que l'on attend des Eaux minerales en quelque lieu qu'on les prenne pour le soulagement & la guérison de nos maux?

Si l'on en fait l'experience, on verra qu'il guérit parfaitement toutes les affections de la ratte & du foye dont il resout les obstructions, schirrhes & duretez. Qu'il donne au sang & aux liqueurs une libre circulation Que c'est un remede present pour les vapeurs des deux sexes, les vertiges, les continuels maux de tête & les migraines; qu'il est admirable pour toutes cardialgies, douleurs & foiblesses d'estomac dont il évacuë les glaires, reveille l'appetit, dissipe les dégoûts & les vents. Pour les pâles couleurs, jaunisses, icteritics, coliques, suppressions de menſtruës , hydropiſies, fleurs blanches & gonorrhées. Qu'il adoucit l'acreté de l'urine, empêche la generation du gravier, & le chaſſe des reins & de la veſſie, comme auſſi les glaires ; il eſt pour cela trés-utile dans la nephretique. Pour les rhumatiſmes. éreſipeles, dartres & démangeaiſons. Pour les dyſenteries & autres cours de ventre opiniâtres entretenus par des ulceres dans les inteſtins, & pour pluſieurs autres maladies longues & obſtinées, qui ne veulent pas ceder aux autres remedes.

Son usage est d'en faire fondre douze ou quinze grains plus ou moins dans une pinte d'eau de riviere, & d'en prendre aprés s'être purgé, quatre grands verres par jour loin des repas; sçavoir, un le matin à jeun, un autre deux heures avant dîné, un à quatre heures, & le dernier aprés soupé.

Cette Eau agit dés les premiers jours par une transpiration insensible, quelquefois par les selles,

& le plus ſouvent par les urines. On continuë d'en prendre juſqu'à parfaite gueriſon, ce qui arrive plûtôt ou plus tard ſuivant la longueur & la qualité de la maladie.

Ce ſel ſe prend encore à la doſe de ſix ou ſept grains dans des vehicules appropriés aux maladies, ſur quoy on peut voir nôtre Diſſertation ſur le Sel Arabe & nôtre Traité du Sel.

On obſervera un bon regime pendant ſon uſage.

Nôtre deſſein n'eſt point de blâmer abſolument l'usage des Eaux minerales pour mieux établir nôtre systême, il y auroit de la temerité, puisque tant d'habiles gens leur ont accordé leur éloge & leur approbation ; qu'il y en a comme celles de Sainte Reine & d'autres qui ne peuvent être mal-faisantes, ne contenant presque point de parties fixes ; que les Medecins établis sur les lieux gouvernent les malades avec toute la sagesse & la prudence qui dépend de leur art : que les malades mêmes y reçoivent des guérisons quelquefois ſurprenantes, ce qui dépend de l'heureuſe diſpoſition des ſujets, & ſouvent d'un changement d'air, qui eſt une excellente medecine dans pluſieurs occaſions.

Il ne ſuffit pas de faire voir la bonté de nôtre Sel pour la ſanté, ce n'eſt que prouver à demy un ſyſtême qui pourroit paſſer pour un paradoxe dans un eſprit éclairé. Il faut paſſer plus avant, & faire connoître que le ſoufre ſolaire que nous avons établi dans le mars, n'eſt pas un ſoufre imaginaire en faisant voir son existence d'une maniere sensible, ce qui ne peut s'executer que par la perfection d'un métal imparfait.

Vertus & Usage du Sel de Mars dans la Métallique.

QU'on jette de nôtre Sel bien preparé sur de l'étain fin d'Angleterre, aprés une heure & demie de fonte dans un creuset; qu'on remuë aussi-tost la matiere avec une verge de fer, qu'on couvre le creuset, & qu'on pousse le feu vigoureusement pendant une demie heure. Le creuset étant refroidi, on trouvera au fonds un culot qui ne sera plus de l'étain, puisqu'il sera changé en trés-bon argent.

On me demandera pourquoy cet étain n'est pas changé en or, puisque le mars ne contient qu'un souffre solaire & non lunaire, à quoy l'on peut donner plusieurs raisons qui regardent l'agent & le patient,

& que nous tirerons de nôtre operation même sans en aller chercher ailleurs.

Il me paroît que l'étain étant un métal, qui approche le plus de l'argent par le son & la blancheur, qui sont ses qualitez apparentes, est composé d'un soufre blanc absorbé dans une assez grande quantité de mercure infecté d'un mauvais soufre, qui est ce qui luy donne le cric; c'est pour le purger de ce mauvais soufre que nous le tenons en fonte pendant une heure & demie. Si l'on y projettoit le ſel plûtôt, il arriveroit bien un changement à la matiere à la verité, mais l'operation ſeroit imparfaite, puiſque ce mauvais ſoufre ſe trouveroit au-deſſus de l'argent ſous la forme d'un plomb noir que l'on ne pourroit ſéparer qu'avec peine, comme il m'eſt arrivé la premiere fois; c'eſt pourquoy les Philoſophes veulent que l'on prepare les métaux avant que d'y projetter leur teinture.

C'eſt encore pour achever de ſéparer ce mauvais

ſoufre

soufre que nous donnons un feu violent, aprés la projection de nôtre sel, qui de luy-même est d'un grand secours pour achever cette séparation, comme une essence ennemie de toute impureté.

Il n'est pas étonnant qu'y ayant dans l'étain un ferment d'argent, qui n'est pas en petite quantité, puisse recevoir sa perfection par le moyen de nostre sel; il n'est pas surprenant, dis-je, que le soufre caché dans ce sel imprime sa qualité à cet argent imparfait & immeur ; mais il paroît extraordinaire que ce ſoufre tout volatile qu'il eſt, puiſſe imprimer la fixité & les autres conditions neceſſaires à cet argent, ce qui ne peut arriver que par ſon odeur, car il faut obſerver que lorſqu'on projette ce ſel, les parties capables de laiſſer leur impreſſion ſur le métal, s'exhalent auſſi-tôt en fumée : ce qui convient aſſez aux effets qu'on attribuë à la pierre P. dont une petite quantité fait une ſi forte impreſſion ſur beaucoup de métal.

Il y a encore une autre consideration à faire, qui est que le soufre du mars ne devroit pas être aussi parfait que celuy de l'or, qui peut transmüer & transmüe réellement quelques métaux, quoique sans avantage ; cependant bien que ce soufre paroisse immeur & grossier étant tiré d'un corps aussi impur qu'est le mars, il ne laisse pas de perfectionner les corps, sans aucun secours de l'or, même avec plus davantage que luy, s'il est bien gouverné.

Seroit-ce à tort que les Maîtres de l'Art nous conseillent de chercher la matiere de leur pierre ailleurs que dans l'or, qui ne peut servir que de ferment ?

Aprés avoir prouvé l'existence du soufre solaire du mars, par la transmutation de l'étain, nous allons le prouver encore par une autre voie.

Qu'on fasse digerer à feu doux de cendres trois parties de la seconde liqueur tirée du sel de mars, avec une partie d'argent fin, dissout par l'eau forte, precipité par le cuivre, & bien lavé & seché; qu'on digere cet argent jusqu'à ce qu'il ait acquis une couleur de charbon, ou plûtôt d un or de départ; qu'on sépare cette chaux noire de son eau, en versant le tout dans un filtre, cette chaux sechée & mise dans un creuset, chauffée jusqu'à rougeur, ou fonduë, on trouvera de bon or poids pour poids de l'argent qu'on aura employé, avec les mêmes qualitez & conditions de l'or, avec cette remarque que cet or peut & doit même s'étendre jusqu'à une certaine quantité, en le fondant avec d'autre argent, parce qu'il porte avec soy un ferment qui est actif.

On voit que cette seconde liqueur tirée du sel de mars, fait plus d'effet que l'huile de mars & de venus de Basile Valentin, par laquelle il graduë la Lune qui acquiert, comme il dit, une bonne partie de la Couronne du Roy. C'est que nôtre liqueur est tirée d'un vitriol de mars bien purifié, & que celle de cet Auteur n'est tirée que d'un vitriol córporel de mars & de venus. Voyez ses tours de main dans son Traité du Soufre, Vitriol & Ayman vulgaires.

Je diray en passant que je ne suis pas surpris qu'on trouve les secrets de B. V. si obscurs qu'on ne sçauroit les penetrer, & que les procedez qu'il donne sur le vitriol ont donné tant de peine aux Artistes. La raison est qu'on ignore ses vrais vitriols & aymans, d'où vient son esprit de mercure, dont la connoissance est le dénoüement de tous ſes ſecrets.

On peut faire les mêmes obſervations ſur la derniere experience que celles qu'on a faites ſur la precedente, avec cette difference que l'argent étant tout homogene, à l'égard de l'étain, la tranſmutation ſe fait poids pour poids, & que s'il eſt élevé au degré de l'or, ce n'eſt que par la rougeur & la fixité du ſoufre dont il eſt doüé naturellement; au lieu que l'étain composé de parties heterogenes & d'un ſoufre blanc immeur, ne nous peut donner

donner que ce même soufre muri, fixé, & amené à la perfection de l'argent.

On connoît par ces deux experiences que les soufres de l'argent & de l'étain, ont les mêmes principes & les mêmes dispositions pour arriver à leur perfection, il ne faut que leur donner ce qui leur manque pour y parvenir, qui ne peut être autre chose qu'une teinture qui en exaltant ces soufres, communique à l'argent, la couleur & les autres conditions de l'or, & à l'étain la fixité & les autres conditions de l'argent. Il eſt aſſez vrai-ſemblable qu'on peut mener cet étain changé, au dégré de l'or, comme par graduation, ce que je n'ay pas experimenté.

Pluſieurs perſonnes aſſez inſtruites & convaincuës de ces principes, me demanderont ſans doute, s'il y a du profit à eſperer de ces operations Je diray naturellement que je l'ignore, n'ayant rien ſupputé, & que je n'ai été pouſſé à les entreprendre que par la ſeule curioſité. Je ne crois pas que le profit en ſoit considerable.

Je sçais qu'on peut pousser ces experiences plus loin, soit en projettant nôtre sel sur le mercure préparé d'une façon particuliere, soit en le faisant passer à la couleur rouge pour le disposer à en tirer une huile de la même couleur par l'alembic, soit en imbibant plusieurs fois nôtre sujet d'un esprit approprié & convenable pour luy donner l'inceration & autant de subtilité & de fusion qui luy est necessaire suivant le métal qu'on a dessein de perfectionner. En un mot cette matiere peut-être menée à un tel dégré de perfection par l'industrie d'un habile Artiste, qu'on n'en doit attendre que beaucoup d'utilité.

Par les operations dont je ne donne qu'une legere idée pour abreger, l'esprit se fixera dans sa propre Terre, qui est son soufre, & formeront ensemble un composé homogene & une seule substance que l'art ne pourra plus separer, l'unité ne souffrant point de division.

Je ne prétens pas faire entendre que ce procedé du mars soit la grande voïe des Philosophes, ce métal n'étant qu'un des enfans de Saturne; car il y a un autre sujet dans la nature métallique d'une admirable origine, comme dit Philalette, dans lequel nôtre or est plus prochain que dans l'or & dans l'argent vulgaires, il pouvoit ajoûter encore les autres métaux, qui ne peuvent nous donner que des particuliers, qui tirent neanmoins leur origine de l'universel, &c.

Quant à l'esprit volatile qui est la premiere liqueur que nous avons tirée du sel du mars, on sçaura qu'il est d'une nature bien differente de celle qui la suit, puisque si celle-cy donne à l'argent la couleur & les autres conditions de l'or, l'esprit volatile digeré à la quantité de trois parties sur une de chaux d'or de départ, luy enleve si bien la couleur & les autres conditions de l'or qu'il n'est plus qu'un simple mineral blanc qui se dissout dans l'eau forte, & qui se dissipe en peu de tems lorsqu'on l'expose au feu dans un creuset; ce qui nous fait connoître que l'or ne subsiste que par sa couleur, son ame ou son soufre, puisque dés qu'il en est privé il ne donne plus aucune marque de son existence.

Ce que je dis doit faire voir aux Chymistes l'inutilité de leurs operations, quand ils tâchent de fixer la Lune avec des ingrediens qui n'ont aucune teinture réelle. Ils peuvent bien leur donner une fixité apparente en retressissant ses ports en quelque façon. mais cette fixité n'étant point permanente, l'argènt est toûjours le même : qu'ils sçachent donc que la Lune ne se fixera jamais, pour parler comme eux ; car la Lune est fixe, je dis que l'argent n'aura jamais les conditions de l'or, qu'il n'en ait en même-tems la couleur, qu'il ne peut recevoir que par une teinture doüée des qualitez requises à cette action.

Je n'ay point poussé mes experiences plus loin sur cette matiere, on peut conjecturer que cet esprit volatile ne doit pas manquer de vertus dans la medecine, si l'on a égard à ses qualitez apparentes, & au sujet d'où il est sorti, ce que je laisse à ceux qui voudront en estre éclaircis par eux-mêmes.

Je sçay qu'on peut tirer la teinture de l'or par d'autres voyes, & qu'on peut encore tirer le soufre solaire de plusieurs sujets où il abonde en plus grande quantité que dans l'or même, ne pourroit-on pas joindre ces soufres ensemble par quelque moyen convenable pour en faire un vray or potable & une teinture exuberée pour les métaux ? ne faut-il pas que le Roy soit alimenté & nourri par le sang des Innocens égorgez, & par le tribut qu'il exige de ses sujets ? comme disent les Ph.

On croira peut-être que nous prenons le change, & que nous n'entrons point dans la pensée des Sages, qui ne parlent que de leur or dans cette occasion : quoiqu'il en soit, si nous donnons dans le faux nous ne manquons pas de Compagnons. Ces Sages avoüent au moins qu'il y a plusieurs voyes pour arriver à une même fin, & s'il est vray qu'il y ait plusieurs chemins pour arriver à la perfection des corps, il faut toûjours revenir aux Agens naturels mais secrets, comme les seuls moyens qui peuvent nous y conduire. Nous avons en quelque façon applani ces chemins à ceux qui ne sont pas encore bien versez dans cette recherche, nous ne serions pas fâchez qu'on y fit plus de progrez que nous, mais il seroit à souhaiter qu'on exerçât cette science par un eſprit de diſcretion, de diſcernement & de ſimple curioſité, bien loin de la traiter par un eſprit d'entêtement, & par des vûës d'une baſſe cupidité, comme on fait preſque toûjours, dont les ſuites ſouvent malheureuſes font que la vraye chymie, qui eſt la connoiſſance de ce que la nature a de plus caché, eſt ſouvent décriée par des gens qui l'a condamnent à la volée, & ſans reflexion, gens qui ont d'ailleurs aſſez de jugement pour ne pas blâmer le Vin qui fait perdre la raison à ceux qui en prennent indiscretement.

Vous, amateurs de la vraye chymie, toûjours occupez à la recherche du sujet des Sages, & qui voulez travailler par des vûës de justice & dans toute la pureté d'intention que le demande un art si excellent ; sçachez que la nature a renfermé ce digne sujet dans tous les corps que nous voyons, d'où il peut estre tiré par les seuls Agens qui ont de l'affinité avec luy. Il est vray qu'il est tellement enfermé dans plusieurs corps, qu'il est presque impossible de l'en séparer, si l'on ignore ce feu admirable connu aux vrais Philosophes, & qui est la seule clef qui peut ouvrir toutes les serrures, laquelle étant une fois connuë, il n'y a point de portes qui ne soient ouvertes, parcequ'on a en sa possession la matiere qui a donné la naissance à tous les corps: mais quoique vous fassiez, vous n'avez rien fait, si le soufre, ce veritable or des Sages, que vous avez délivré de ses Prisons, ne vous donne des marques de sa presence en perfectionnant quelque corps imparfait, soit avec profit ou sans profit ; si vous êtes une fois parvenus à ce point, assurez-vous que vous êtes fort avancez, & que vous avez franchy le pas le plus difficile de nôtre art, le reste étant fort aisé en comparaison de ce que vous avez déja fait, vous n'avez plus qu'à purifier nos principes, les joindre & les fixer, le tout avec adresse. *Purgatis ergo rebus, fac ut ignis & aqua amici fiant, quod in terra ſua quæ cum iis aſcenderat facilè facient*, dit le Coſmopolite.

Quoique nous diſions que ce ſujet eſt renfermé dans tous les corps, & que nous ſuivions en cela la penſée de tous les Phil. nous ſçavons qu'il y eſt plus prochainement dans un corps que dans un autre; en effet bien que nous ſoyons attaché particulierement au mars, cela ne doit point tirer à conſequence l'impureté de ce métal, & la difficulté de le travailler ne le fait que trop voir. La nature re nous en a formé un autre que l'on peut dire unique, lequel est nôtre cahos & nôtre magnesie & un métal non en acte, mais en puissance, d'où nous pouvons tirer nos principes par luy-même, & avec beaucoup plus de facilité & d'abondance que de tous les autres corps de la nature, auquel on devroit s'attacher par preference, ce que nous confirmons avec plaisir, trés convaincus que nous sommes de nôtre erreur passée, quand nous avons crû que cette matiere ne ſubſiſtoit que dans l'imagination.

Nous diſons que ce digne ſujet eſt un métal en puiſſance, parce qu'il eſt le Sperme des métaux, la racine qui les produit, & la Fontaine d'où ils découlent comme de leur ſource. C'eſt un corps qui eſt trés-imparfait, d'un temperament exterieurement froid & humide, & qui eſt dans ſon interieur chaud & ſec au ſuprême dégré. La terre & l'eau, qui ſont les receptacles des autres élemens, nous preſentent à la vûë un corps méprisable & sans agrément à la verité, mais qui en est d'autant plus précieux à ceux qui en ont une parfaite connoissance.

Nous ajoûterons pour le faire mieux connoître que cette matiere est si imparfaite ; & que les élemens extenes ont tant d'empire sur elle, que dés qu'elle est sortie des entrailles de la terre, si l'on n'y prend garde, elle se couvre d'une lépre qui la défigure entierement, & que si on la met dans l'eau, cette eau se corrompt en peu de tems en ſe couvrant d'une moiſiſſure épaiſſe, infecte & déſagréable. Cette matiere ne nous donne exterieurement aucune marque de ſon excellence. Il eſt vray que ces accidens ne ſont pas tant à craindre que le feu de fuſion qui luy cauſe la mort, puiſqu'il n'eſt pas difficile de les luy ôter. C'eſt une peine qu'on pourroit éviter ſi l'on en trouvoit de la plus nouvelle. Mais quand un habile Artiſte aura excité ſon feu aſſoupi, & comme abſorbé ſous l'eau & la terre, le feu ayant pris le dessus par l'anéantissement de ces deux élemens, elle sera pour lors aussi differente de ce qu'elle étoit auparavant, que l'esprit de Vin est different de la grappe d'où il est sorti, ce qui est une comparaison aussi vraisemblable qu'elle est ordinaire; alors elle aura acquise une perfection qui la garantira de tout accident.

Nous voudrions nous étendre icy sur les éloges de cette admirable matiere, & faire connoître aux enfans de la ſcience toutes ſes qualitez, vertus & proprietez, ce que nous ne ferons point, d'autant que nous reconnoiſſons nôtre incapacité pour écrire ſur un ſujet qui demanderoit une meilleure plume que la nôtre, & que tous les Auteurs en ont traité d'une façon à n'y rien ajoûter ; la repetition ſeroit fatigante, on veut du nouveau ; on ne ſe ſoucie pas tant d'apprendre les qualitez & conditions de ce ſujet, qu'on ſe ſoucie de ſçavoir quel il eſt par un nom connu ; c'est un secret que les Sages nous ont si bien caché, & en même tems si bien découvert. Ce que nous en avons dit n'est presque pas nouveau, il est vray, mais on doit bien nous le pardonner; car nous ne l'avons fait que par un vif ressentiment d'une grace que nous avons reçûë de la liberalité du pere des lumieres, dont nous ne voulons retirer aucune gloire ; parceque Dieu étant le maître de ses dons, il peut nous les ôter comme il nous les a donnez. Que sa sainte volonté ſoit toûjours faite & non la nôtre.

Quelle ſeroit nôtre ſatisfaction de donner aux vrais Inquiſiteurs de noſtre Art une claire expoſition du feu ſecret & de la matiere que l'on ne peut connoître que par une lumiere ſurnaturelle ; ce qu'il ne nous eſt pas permis de reveler, non pas tant par la crainte de la malediction philoſophique fulminée contre les revelateurs indiſcrets des Myſteres de l'art, que par la veneration qui eſt dûë à toute verité qu'on tient d'une grace ſpeciale

speciale de Dieu, & qui ne doit être divulguée que jusques à un certain point, comme dit un Auteur.

Admirable sujet, excellente créature dont la connoissance est mille fois plus précieuse que tous les Tresors de la Terre, ausquels vous donnez l'être! quelle loüange ne meritez-vous point? que n'a-t'on pas dit de vous qui ne soit vray à la lettre? sous quel nom, sous quelle figure, sous quelle contradiction apparente ne vous a-t'on pas voilée, pour ne vous pas rendre commune à tout le monde ; quoique vous ſoyez la choſe du monde la plus commune & la plus neceſſaire, & ſans laquelle la nature nous ſeroit toûjours cachée.

Eſt-il poſſible qu'on croïe avoir une parfaite connoiſſance des mixtes, pendant qu'on ignore un ſujet qui en eſt tout le fondement; le croit-on indigne de toute attention pour tâcher de le découvrir en abandonnant des erreurs, des recipez, & faux préjugez ; ſi l'on avoit le bonheur de le poſſeder, il est trés certain que le voile qui nous empêche de penetrer dans les secrets les plus cachez, nous seroit bien-tôt ôté. On y découvriroit un Agent qui a des qualitez bien plus éminentes pour la dissolution des corps & l'extraction des teintures, que toutes les Eaux fortes, les Vinaigres, les Esprits de Vin, &c. qui se separent des choses quand on veut, ce que ne fait point cet Agent, qui est une substance analogue à la propre substance des choses & qui se joint à elle inſéparablement d'une façon toute naturelle, laiſſant le corps au fonds du Vaiſſeau. On trouveroit dans ce ſujet un ſoufre pur, fixe, incombuſtible, de qualité bien differente des teintures ordinaires, auſquelles on attribuë tant de vertus excellentes pour la guériſon des maladies, & qui n'ont cependant que des proprietez trés-limitées dans leur uſage, & qui n'ont pas la force d'attaquer la maladie dans ſon centre, faute de penetration, & encore plus de perfection. On y découvriroit un feu doux, naturel & spirituel, subtil, vif & penetrant, qui a bien plus de force que les feux materiels de la chymie ordinaire pour anatomiser les métaux par une vraye décomposition, & pour en tirer les sels & les soufres essentiels qui sont les tresors de la Medecine. En un mot, on y rencontreroit un aimant qui attireroit avec avidité les rayons du Soleil & de la Lune, & qui seroit aprés cette attraction trés-capable de réduire en acte l'or & l'argent qui ne sont qu'en puissance dans les métaux imparfaits. Tout préjugé à part, on conviendra peut-être de ce que nous disons, si l'on daigne jetter les yeux dans nos Livres; mais il y a des gens qui nous diront aussi apparemment qu'ils n'ont pas le tems de s'amuser à cette recherche, & que d'ailleurs cette science est aussi douteuse dans la Theorie que difficile dans la pratique: ils ont raison, aussi-bien n'est-il pas permis à tous d'aller à Corinthe. Mais qu'ils avouënt plûtôt qu'il faudroit retrograder & se réduire à cette simplicité si necessaire à ceux qui desirent de connoître à fonds les operations de la nature.

Il me suffit d'avoir donné la description du Sel des métaux tiré du mars, & d'en avoir indiqué l'usage, c'est un travail qui n'exige pas de gros frais, & que l'on peut mener bien loin, pourvû qu'on soit initié dans les principes naturels, & qu'on sçache manipuler. Il est vray que ce Sel n'est point le principal ſujet des Philoſophes, & qu'il ne peut point répondre entierement à la noble ambition de la plûpart des Artiſtes ; mais on peut dire qu'il eſt plusque ſuffiſant pour prouver aux Incredules la réalité de nôtre art, & pour nous conduire ſenſiblement à ce qu'il y a de plus excellent dans la Philoſophie hermetique.

Le Sel de Mars bien preparé & caracteriſé des marques énoncées dans nos écrits precedens, renferme un aimant qui eſt preſque semblable à cette matiere favorite des Anciens (que bien des gens s'imaginent de connoître, & qui pourtant ne peut être bien connuë que par une heureuse pratique) & fait une merveilleuse attraction de cet or astral & élementaire, qui émane des rayons du Soleil & de la Lune, qui sont l'origine des vrayes teintures, qui animent les êtres selon la force de leur magnetisme, & qui s'y coagulant, leur communiquent une forme plus noble à proportion de la pureté &

de la dignité de leurs aimants.

J'aurois pû grossir ce Volume en l'assaisonnant d'une Physique de l'Ecole, ce que je n'ay pas voulu faire pour plusieurs raisons, dont la principale est que cette Physique sert moins à nous avancer dans la vraye connoissance de la nature, qu'à nous en écarter. On pourra me reprocher de ne pas suivre nos Auteurs qui se sont appliquez avec raison à établir les principes de cette science, avant que d'en venir aux faits, c'est parce qu'ils en ont traité amplement que j'ay crû pouvoir m'en dispenser: comme un principe bien établi est tout le fondement d'une science pratique, on doit s'y appliquer avec plus de soin. Que l'on consulte donc nos Oracles avec attention, sur tout Sendivogius dans sa nouvelle Lumiere Chymique, cet Auteur est un habile maître & d'une grande utilité, si l'on goute bien ses principes, en suivant la nature dans ses operations, comme il le recommande luy-même, & si l'on suit à la lettre les dispositions qu'il exige des Amateurs de l'art qui veulent y faire quelque progrés.

Riplée, R. Lullée & quelques autres peuvent nous être de quelque secours dans la pratique pour le commencement de l'ouvrage; mais comme ils se sont reservez souvent des points essentiels, on risque de faire des fautes à chaque pas, si l'on ne possede une bonne theorie, qui semblable au filet d'Ariadne, peut nous faire sortir heureusement de ce labyrinthe.

Ce n'eſt pas ſans raiſon que les Auteurs n'ont point voulu applanir toutes les difficultez qui ſe rencontrent dans leurs écrits, ce qui ſert au moins à reveiller nôtre pareſſe & nôtre negligence endormies, qui ne demandent que des voyes lineaires, des chemins unis & ſans embarras, de-là vient cet empreſſement que nous avons à rechercher les recettes, & c'eſt par une vaine complaiſance que des faux Sçavans nous ont accablé de tant de fauſſetez couvertes du voile de la verité, même avec profanation du Saint Nom de Dieu, dont on ne peut être éclairci que par une fâcheuſe experience, ou par la lumiere de la verité même.

La ſcience dont il s'agit, n'eſt pas ſi obſcure par elle-même, qu'elle la paroît d'abord; elle n'eſt obſcure que parce qu'on nous l'a cachée, & que nous aidons nous-mêmes à l'obſcurcir d'avantage par trop de ſubtilité. Conſiderons que nôtre ſcience eſt celle de la nature qui agit toûjours avec simplicité, douceur & uniformité, en dissolvant, separant, purifiant & fixant. Si nous voulons suivre la nature, ne précipitons donc rien ; que des motifs d'interest ou d'ambition qui sont le premier mobile de presque toutes nos actions, ne nous fassent point faire de fausses démarches.

Prenons cette matiere que la nature nous presente si liberalement, & par une bonne manipulation, divisons-en les parties, afin de dégager ſon eſſence (qui eſt un or immur, volatile & aſtral) de ſes envelopes, laquelle étant bien lavée par le moyen de la digeſtion & de la diſtillation, eſt renduë aſſez ſubtile pour attirer ſon frere qu'elle a laiſſé dans les limbes, afin de former enſemble une ſeule ſubſtance qui aura d'autant moins de peine à ſe coaguler enſuite, qu'elle eſt ſortie d'une matiere coagulée par la nature, & qu'elle renferme un ſoufre qui eſt le pere de toute fixation.

Nous

Nous avons en vûë d'avoir une essence, à laquelle on a donné des épithetes, qui peuvent nous donner quelque lumiere. On l'a nommée Lait de la Vierge, parce qu'on la tire d'une Terre Vierge, qu'elle nous paroît quelquefois sous la la forme d'un Lait Virginal commun, & qu'elle sert de nourriture à l'enfant physique. Le Coagulé, à cause de l'inclination qu'elle a à se coaguler. Azot, parce qu'elle lave le laton qui est l'or. Circulé, parce qu'on ne peut l'avoir dans toute ſa pureté que par la digeſtion. Eau de Vie, parce qu'elle donne la vie à toutes choſes. Eſprit de Vin, à cauſe de ſa qualité ignée & ſulfureuſe. Eſprit de mercure, pour ſa volatilité, & que comme elle ſort du centre du mercure, elle s'attache à l'or preferablement à toutes autres choſes. Acier, parce qu'elle ſe joint à l'or, comme le fer à l'aimant, & qu'elle penetre ſes pores pour s'unir inſéparablement à ſa ſubſtance. Menſtruë diſſolvant, parce qu'elle diſſout d'une diſſolution naturelle les choses de son regne. Menstruë puant, parce que son odeur est désagréable d'abord. Mais il faut prendre garde de ne pas se laisser tromper à cette marque comme à quelques autres que je viens de rapporter qui peuvent n'être qu'apparentes; car j'ay remarqué cette même puanteur dans la preparation de plusieurs matieres minerales, qui étoient assurement bien differentes de la matiere en question, quoiqu'elles renfermassent plus ou moins quelque partie de nôtre liqueur mercurielle.

Quant à nous, avec la licence des Chymiſtes nos Confreres, nous nommerons nôtre ſujet, peut-être aprés d'autres, une Quinteſſence exaltée des élemens, doüée de leurs differentes qualitez de chaud, de ſec, de froid, d'humide, où les deux premieres dominent; & parce qu'elle ne retient rien des élemens impurs de ſa premiere compoſition, elle penetre dans les corps qu'elle reſout en leur premiere matiere en conſervant l'eſpece ſeminale. Ceux qui ont le bonheur de poſſeder cet oiſeau, doivent bien prendre garde qu'il ne leur échape au travers de ſa cage, ce qu'ils pourront empêcher en le nourriſſant d'une chair de ſon eſpece, ce qui l'engraiſſera & le rendra moins volatile; ayant fait ce qui dépend de leur industrie, qu'ils commettent cet animal au soin de la nature sans l'abandonner, & comme de fideles Pourvoyeurs qu'ils luy fournissent de vivres proportionnez à son temperament qu'ils doivent bien connoître, jusqu'à ce que ce digne composé de corps, d'ame & d'esprit extrêmement purifiez, soit changé en une constante Salamandre.

FIN.

Ceux qui voudront avoir du Sel de Mars de la façon de l'Auteur, ou quelqu'autres de ses Remedes, s'adresseront rue Darnetal, à costé de la Trinité, chez un Fourbisseur.

APPROBATION.

J'AY examiné par l'ordre de Monseigneur le Garde des Sceaux, cette Suite des Experiences utiles & curieuses, intitulée : *Nouveau Traité des Dissolutions & Coagulations naturelles*, où je n'ay rien trouvé qui en puisse empêcher l'impression. Fait à Paris ce 28. Août 1724. ANDRY.

PRIVILEGE DU ROY.

LOUIS par la Grace de Dieu, Roy de France & de Navarre : A nos amez & feaux Conseillers, les Gens tenant nos Cours de Parlement, Maistres des Requêtes Ordinaires de nôtre Hôtel, Grand Conseil Prévôt de Paris, Baillifs, Sénéchaux, leurs Lieutenans Civils, & autres nos Justiciers qu'il appartiendra, Salut : Nôtre bien amé le Sieur ALEXANDRE LE CROM Nous aïant fait exposer qu'il souhaiteroit faire imprimer un Livre intitulé : *Dissertation Philosophique sur le Sel Arabe & la Poudre Solaire; Plusieurs Experiences utiles & curieuses concernant la Medecine, la Metallique, l'Economique, & autres Curiositez*; avec un *Traité des Sels des Philosophes, en forme de Dialogue, où sont enseignez la Preparation, les Vertus & l'Usage de ce Sel; Vade mecum Philosophique, en forme de Dialogue, en faveur des Enfans de la Science, nouvellement mis au jour*; s'il Nous plaisoit lui accorder nos Lettres de Privilege sur ce necessaires; Nous avons permis & permettons par ces Presentes audit Sieur LE

CROM, de faire imprimer ledit Livre, en telle forme, marge, caractere, en un ou plusieurs Volumes, conjointement ou séparement, & autant de fois que bon lui semblera, & de le faire vendre & debiter par tout nôtre Roïaume pendant le tems de dix années consecutives, à compter du jour de la date desdites Presentes; faisons deffenses à toutes sortes de personnes de quelque qualité & condition qu'elles soient, d'en introduire d'impression étrangere dans aucun lieu de nôtre obéissance; comme aussi à tous Libraires Imprimeurs & autres, d'imprimer, faire imprimer, vendre, faire vendre, debiter ni contrefaire ledit Livre, en tout ni en partie, ni d'en faire aucuns Extraits, sous quelque prétexte que ce soit d'augmentation, correction, changement de Titre ou autrement, sans la permission expresse & par écrit dudit Exposant ou de ceux qui auront droit de luy, à peine de confiscation des Exemplaires contrefaits, de quinze cent livres d'amende contre chacun des Contrevenans, dont un tiers à Nous, un tiers à l'Hôtel Dieu de Paris, l'autre tiers audit Exposant, & de tous dépens, dommages & interêts; à la charge que ces Presentes seront enregistrées tout au long sur le Registre de la Communauté des Libraires & Imprimeurs de Paris, & ce dans trois mois de la date d'icelles; que l'impression dudit Livre sera faite dans nôtre Royaume & non ailleurs, en bon papier & en beaux caracteres, conformément aux Reglemens de la Librairie; & qu'avant que de l'exposer en vente, il en sera mis deux Exemplaires dans nôtre Bibliotheque publique, un dans celle de nôtre Château du Louvre, & un dans celle de nôtre trés-cher & feal

Chevalier, Garde des Sceaux de France, le Sieur d'ARGENSON, le tout à peine de nullité des Preſentes; du contenu deſquelles Vous mandons & enjoignons de faire joüir l'Expoſant ou ſes ayans cauſe pleinement & paiſiblement, ſans ſouffrir qu'il leur ſoit fait aucun trouble ou empêchement. Voulons que la copie deſdites Preſentes qui ſera imprimée au commencement ou à la fin dudit Livre ſoit tenuë pour dûëment ſignifiée, & qu'aux copies collationnées par l'un de nos amez & feaux Conſeillers & Secretaires, foy ſoit ajoûtée comme à l'original. Commandons au premier nôtre Huiſſier ou Sergent, de faire pour l'execution d'icelles tous Actes requis & neceſſaires, ſans demander autre Permiſſion, & nonobſtant Clameur de Haro, Chartre Normande, & Lettres à ce contraires. Car tel eſt nôtre plaiſir. Donné à Paris le dixiéme jour du mois de Mars, l'an de grace mil ſept cent dix-huit, & de nôtre Regne le troiſiéme. Par le Roy en ſon Conſeil, DE S. HILAIRE.

Il eſt ordonné par l'Edit du Roy du mois d'Août 1686. & Arrêts de ſon Conſeil, que les Livres, dont l'impreſſion ſe permet par Privilege de Sa Majeſté, ne pourront être vendus que par un Libraire ou Imprimeur.

Regiſtré ſur le Regiſtre No. 4. de la Communauté des Libraires & Imprimeurs de Paris, pag. 282. No. 317. conformément aux Reglemens, & notamment à l'Arreſt du Conſeil du 13. Aouſt 1703. A Paris le 15. Mars 1718.

DELAULNE, *Syndic.*

De l'Imprimerie de la V. JOLLET.